LOS ÚLTIMOS ESPASMOS DE LA LOCURA NUCLEAR

CARLOS LLORENTE AGUILERA

Copyright © 2019 Carlos Llorente Aguilera

Todos los derechos reservados.

ISBN: 9781086953596

El peón preguntó: ¿Puedo quemar ahora tu casilla?

Y el alfil respondió: Sí, hazlo, pero procura que no me dé cuenta.

Equinoccio tardío

Philippa von Further-Beyond

CONTENIDO

ADVERTENCIA AL LECTOR	1
PRÓLOGO	3
PREFACIO	5
LAS LEYES DE LA LOCURA NUCLEAR	7
LA ENERGÍA NUCLEAR Y YO	17
CÓMO LA RADIACTIVIDAD CAMBIÓ MI VIDA	35
ANALOGÍA NUCLEAR	39
ELOGIO NUCLEAR	45
UNA NUEVA REVOLUCIÓN DE LOS ÁTOMOS	47
APOCALIPSIS EN MI SOSTENIDO	49
EPISTEMOLOGÍA APENAS NUCLEAR	51
NOCIONES DE SUPERVIVENCIA NUCLEAR	53
EPIFANÍA DE LA PSICOLOGÍA NUCLEAR	57
CONCLUSIÓN INACABADA	61
EPÍLOGO	63
EPITAFIO	65
ACERCA DEL AUTOR	67

ADVERTENCIA AL LECTOR

Véase esta obra como un conjunto de ideas recopiladas con el objetivo de entretener y hacer reflexionar a aquel lector que goce de un momento de asueto para dedicarlo a estos fines. No ha sido el propósito del autor elaborar un texto científico ni un manifiesto político ya que para ello existen otros medios infinitamente más adecuados. En las palabras que siguen a estas líneas hay retazos de realidad envueltos por el vaho de la fantasía, que se entremezclan a fin de ofrecer un punto de vista particular, que puede coincidir en parte con el del lector, pero que no pretende exponer un panorama monolítico sobre el estado de la cuestión. Tómese todo con la debida precaución y léase con mesura siempre que esto sea posible, ya que ha de tenerse en cuenta que la normalidad no suele suscitar polémica, en tanto que lo atípico apela con frecuencia a la discusión y a la disconformidad, lo que en estos tiempos de hiperconectividad y enfermiza inmediatez acaba degenerando en rabia y crítica, las más de las veces solo por parecer, frecuentemente por estar y raramente por ser.

LOS ÚLTIMOS ESPASMOS DE LA LOCURA NUCLEAR

PRÓLOGO

Por Malmoe W. Orbitson.
Catedrático Emérito de Hermenéutica Aplicada de la Universidad Rural de Aguere.

Cuando mi buen amigo Carlos me pidió, insistentemente, que escribiera el prólogo de "una obra que cambiará nuestra forma de percibir la realidad cuando cerramos interiormente los sentidos", según sus propias palabras, no pude resistirme a comprometerme, al menos, a leer su escrito, ya que había conseguido suscitar mi curiosidad y mi afán por conocer nuevas facetas de la expresión de la existencia humana. Tras una primera y desapasionada lectura hube de concluir que la obra consistía, en el mejor de los casos, en una sarta de tonterías, eso sí, cuidadosamente imbricadas en un todo armónico y sustancial. Una segunda y una tercera lectura confirmaron mi opinión, aunque consiguieron exponer algunas de mis más profundas inquietudes a la tenue luz de la cotidiana intranquilidad que reviste nuestro errático deambular por la vida. Fue a raíz de la decimoquinta lectura del escrito cuando pude formarme una opinión bien cimentada y fundamentada de las pretensiones que se ocultaban bajo sus complejos pliegues y que, como hienas que esperan emboscadas a que pase su presa, aguardaban a que el incauto lector se dejara atrapar por sus redes. He de reconocer que mi vida ha cambiado totalmente, aunque ello no quiere decir que haya mejorado. Tampoco ha empeorado, aunque lo cierto es que un cambio se ha producido y soy incapaz de definir su naturaleza. Esta horrible sensación de desconocimiento de lo evidente me reconcome, y me hace maldecir el momento en el que decidí aceptar la petición de escribir este prólogo. No soy el mismo, no. Creo que a partir de ahora solo escribiré epílogos; son más agradecidos y llevaderos, y creo que voy a tener que cortar este papel en pequeños pedacitos. Muy pequeños, sí. ¡Caronteeeee!

LOS ÚLTIMOS ESPASMOS DE LA LOCURA NUCLEAR

PREFACIO

Diversas son las cuestiones tratadas en esta escueta obra, imbuidas de un mismo espíritu que anima su caminar. Su entrelazamiento no ha estado desprovisto de dificultades, interpuestas de forma errática por la propia textura de la tozuda realidad. Al igual que los intoxicantes efluvios del aguarrás tienden a torcer las firmes líneas que brotan de los pinceles del artista, los mimbres que conforman la vida se muestran las más de las veces como obstáculos insalvables que gustan de nublar la vista y de oscurecer la mente. En ocasiones es necesario alejarse del contexto y, elevándose desmañadamente sobre las aguas como un marabú, adoptar un punto de vista distinto, que permita realizar un análisis alternativo de la situación con el que recoger nuevas conclusiones que puedan retroalimentar el todo. El enfoque múltiple resulta siempre conveniente ya que consigue llegar a la abstracción y, con ella, a la contemplación del problema desde una óptica antes desconocida. En definitiva, es necesario evadirse de las limitaciones de la propia envoltura carnal e intentar observar las cuestiones que nos inquietan como si éstas no lo hicieran en absoluto. No se trata de dar la espalda al problema, sino de contemplarlo del modo en que se haría con un ovillo de lana cuando procedemos a desenrollarlo y a transformarlo en un simple hilo. Desaparecen entonces las vueltas, los nudos y, en suma, la complejidad, y se gana en perspectiva y en finura. Por supuesto, al acabar se hace necesario volver a enrollar el hilo, aunque esto siempre dará como resultado una realidad distinta, pues ya ha sido manipulada, comprendida y transformada, de modo que así halla acomodo entre aquellas estructuras que son más familiares. Es ésta la pretensión de esta obra y, como todas las pretensiones, dependerá del modo en que cada uno la aborde para que los resultados obtenidos sean similares a los perseguidos por el autor, o queden significativamente teñidos por la experiencia vital del lector, lo que en definitiva es parte del proceso de creación, consustancial a la esencia de la humanidad.

LOS ÚLTIMOS ESPASMOS DE LA LOCURA NUCLEAR

LAS LEYES DE LA LOCURA NUCLEAR

En un principio

Pocos acontecimientos han sacudido la conciencia de la humanidad de un modo tan brutal como la noticia de la obliteración de las ciudades de Hiroshima y Nagasaki en los estertores de la Segunda Guerra Mundial. Las escabrosas imágenes de muerte y destrucción que golpearon a la opinión pública mundial despertaron un miedo ancestral y una definitiva falta de confianza en el futuro, ya que todo lo que el ser humano quería y deseaba conservar era susceptible de desaparecer en la mínima fracción de tiempo que un arma nuclear tarda en hacer explosión y en diseminar su mortífera carga a su alrededor, ignorando límites físicos y morales y transgrediendo todos los principios conocidos hasta el momento. El subsiguiente inicio de la Guerra Fría y de la carrera armamentística que llevó anexa no hizo sino confirmar los miedos y la desesperanza, ya que el enfrentamiento entre Estados Unidos y la Unión Soviética, las dos superpotencias emergidas de la contienda, llevó el temor hasta el último y más olvidado de los confines de la Tierra.

Si en un principio Estados Unidos no modificó sustancialmente su doctrina militar, y consideró la bomba nuclear como un arma más, el ascenso de la Unión Soviética a la condición de potencia nuclear obligó a un cambio de mentalidad que con el curso del tiempo se vio reflejado en la conocida como Doctrina de Destrucción Mutua Asegurada (MAD, Mutual Assured Destruction), en la que se contemplaba que cualquier ataque nuclear soviético sería respondido antes de que las cabezas nucleares impactaran sobre territorio estadounidense, resultando los dos países aniquilados simultáneamente. Por supuesto, la Unión Soviética adoptó una doctrina similar, quedando de esta manera completa la ecuación que podía llevar a la destrucción del mundo ante un ataque, voluntario o no, de cualquiera de las dos potencias. Con el tiempo otros países se unieron al club nuclear, revistiéndose con el halo de poder que ello conllevaba, y adoptando, en el proceso, doctrinas de empleo similares a la anteriormente expuesta, que establecían diversas posibilidades de enfrentamiento nuclear a lo largo y ancho del globo. Estados Unidos se enfrentaba primero a la Unión Soviética, y después a la actual

Rusia, pero también sus respectivos aliados, Reino Unido y China, disponían de armas nucleares y entraban a jugar en el complejo sistema. Para acabar de complicarlo aún más, China se desligó de la Unión Soviética y mantuvo su particular enfrentamiento con esta superpotencia. Francia, también nuclear, mantuvo un perfil independiente, aunque en última instancia participaba en la seguridad del bloque occidental. Por su parte la India y Pakistán se proveyeron de armas nucleares a fin de mantener la tensión sobre la disputada región de Cachemira. Hay que tener en cuenta también a Israel, que nunca ha confirmado ni negado con demasiada vehemencia su posible posesión de armas nucleares, aunque la extendida sospecha de que dispone de un arsenal nuclear le sirve como eficaz arma de disuasión ante sus rivales en la región. Finalmente, el último socio del club nuclear, Corea del Norte, ha establecido su peculiar disputa con Estados Unidos y con sus aliados en la zona, manteniendo una continua tensión que no parece tener visos de pronta solución. Todo esto conforma la locura nuclear que lleva envolviendo al mundo algo más de setenta años, y que como cualquier locura, se aparta de la lógica y de las emociones que son normales en el ser humano para adentrarse en páramos en los que lo anormal es la norma y lo excepcional constituye la expresión de lo cotidiano. Curiosamente las siglas de esta doctrina, MAD, por la que era comúnmente conocida, significan en inglés "loco", lo que viene a añadir un ciertamente inesperado toque de humor negro a la cuestión.

    En cualquier caso, y en un intento por alcanzar un mayor conocimiento de esta extraña faceta de la humanidad, que en aras de su seguridad se ve impelida a acometer su propia destrucción, es necesario profundizar en aquello que conforma el sustrato de la psique del *Homo sapiens*, y que no es otra cosa que su imperiosa necesidad por comprender y sistematizar todo lo que le rodea. Y es que hasta la locura nuclear tiene sus propias reglas que en ningún caso son suficientes para justificarla, aunque sí permiten una ligera aproximación a su razón de ser y a su pervivencia en el tiempo. Es ésta la justificación última de esta obra, cuyo objetivo principal es el de tratar de agrupar en un breve compendio las leyes que rigen la locura nuclear, en un afán por arrojar algo de luz en uno de los más recónditos de los rincones que constituyen los límites del escenario en el cual se desenvuelven la vida y la muerte, la gloria y la pena, la alegría y la frustración, el poder y, en suma, la destrucción.

Principios nucleares de la filosofía artificial

     Todo lo que crea el hombre se basa en pensamientos previos en los que surgen la forma y los fundamentos que inspirarán su traslación a la realidad. La experimentación posterior permite acercar los conceptos a los objetos en un proceso de asimilación que transforma las ideas hasta que éstas hallan su acomodo final en el cuerpo de conocimientos que configura el hálito que impulsa a la humanidad en su perpetua evolución. La puesta en práctica posterior acaba de perfilar y afinar la teoría hasta que se convierte en sólido cimiento en el que basar la nueva rama del saber. El ser humano, en su constante afán por transformar el medio que le rodea para adecuarlo a sus necesidades, se ha visto obligado a intentar comprenderlo, generando al mismo tiempo una realidad paralela que, a modo de espejo rudimentario, refleja en su mente aquello que los sentidos le trasladan. Las matemáticas, la física, la química y otras disciplinas afines siguen este esquema de funcionamiento, ofreciendo una imagen pálida pero válida del modo en el que parece comportarse la naturaleza. La manera en la que se gestaron los principales acontecimientos que a la larga dieron lugar a la energía nuclear siguieron este camino, consiguiendo desatar las fuerzas albergadas en el interior del núcleo del átomo desde el pensamiento primero, después con la ayuda de la experimentación y luego forjando un complejo artesonado de teoría que reflejaba la escurridiza realidad y que acabó permitiendo el postrer desarrollo del arma nuclear. De este modo el ser humano ha sido capaz, en el breve periodo que lleva desde su errático deambular por la superficie del planeta en busca de la supervivencia durante la Edad de Piedra hasta llegar al momento presente, de desmenuzar la esencia de la que está construida la realidad y de manipularla a su antojo para crear y destruir en continua sucesión, en un proceso que le ha llevado a poner en peligro su propia existencia y la de todo aquello que ha creado para poder rodearse de un ambiente medianamente controlable y previsible. Los procesos de fisión y fusión nuclear, que se producen de modo espontáneo en la naturaleza, han sido dominados por la humanidad que ahora puede jugar a su antojo con la materia y la energía, amparándose en la falsa ilusión de control y de dominio que tiende a producir todo lo artificial.

LOS ÚLTIMOS ESPASMOS DE LA LOCURA NUCLEAR

No hay un mayor exponente del proceso de autodestrucción emprendido por la humanidad que la carrera armamentística surgida a raíz del dominio de la energía nuclear y al amparo de la Guerra Fría, que ha conseguido que, con la excusa de la autodefensa y de la protección del modo de vida y de la manera de entender las relaciones sociales, la misma civilización quede moralmente cuestionada y ahogada por su propia esencia, que es la constituida por la idea de que el progreso es lineal, acelerado e imparable. El ser humano ha llegado hasta un punto en el que, si bien la marcha atrás para evitar la ruina es física y teóricamente posible, su propio empecinamiento en el avance hacia el infinito ha convertido esta tarea en un proceso mentalmente inabarcable y dotado además de una vida propia y de voluntad independiente e inquebrantable.

La filosofía, como máxima expresión del pensamiento humano, se ha visto incapacitada para insertar el factor nuclear en todas aquellas conjeturas que tratan sobre la artificialidad de la vida. Toda la firme estructura elucubrada por las más brillantes mentes de nuestra especie no ha sido capaz de dar respuesta a la agónica cuestión que tortura a la humanidad desde que en Alamogordo, Nuevo México, se llevara a cabo la primera prueba con un arma nuclear. Es hora, pues, de apuntar algunos principios que, si bien, puedan parecer trascendentes, no lo son en absoluto, ya que a pesar de situarse más allá de los límites naturales, es la propia naturaleza la que, siguiendo su particular orden inmutable, acabará por nivelar aquello que imprudentemente se ha alzado sobre la nívea superficie de la realidad con el afán de desafiar su propia esencia y de transgredir las leyes que rigen el funcionamiento del universo.

Razonamiento inconcluso

> En la guerra unos ganan y otros pierden.
> En la guerra nuclear el que hace el primer movimiento pierde.
> El que responde al primer movimiento pierde también.
> En la guerra nuclear no hay tercer movimiento.
> En la guerra nuclear, si no pierdo, gano.
> Si mi adversario no pierde, gana también.
> Si nos enfrentamos, perdemos.
> Si no nos enfrentamos, no perdemos.
> Si no perdemos, ambos ganamos.

Términos

   Arma nuclear: Dispositivo capaz de provocar una gran explosión mediante el concurso de una reacción nuclear.
   Actor nuclear: País que posee en su arsenal bélico armas nucleares.
   Vector nuclear: Vehículo empleado para alojar en su interior un arma nuclear y proyectarla hacia el objetivo. Los más conocidos son los misiles balísticos lanzados desde tierra o submarinos y las bombas y misiles lanzadas desde aeronaves.
   Arsenal nuclear: Conjunto de armas nucleares a disposición de un actor nuclear.
   Fisión nuclear: Proceso por el cual se divide el núcleo de un elemento pesado con la liberación de grandes cantidades de energía.
   Fusión nuclear: Proceso por el cual se unen los núcleos de elementos ligeros produciéndose la liberación de grandes cantidades de energía.
   Locura nuclear: Frenesí vivido por las principales potencias mundiales tras el fin de la Segunda Guerra Mundial que les impulsó a hacerse con un arsenal nuclear superlativo.
   Radiactividad: Proceso por el que el núcleo del átomo de un elemento químico se desintegra, de forma espontánea o inducida, generando elementos distintos al original y emitiendo radiación en forma de partículas y de energía.
   Central nuclear: Instalación de producción de energía a partir de la fisión controlada de elementos como el Uranio y el Plutonio.

Leyes de la locura

   Preámbulo a la primera ley de la locura: Si algo es peligroso, se evita.
   Primera ley de la locura: Solo el loco busca el peligro.
   Segunda ley de la locura: No es necesario estar loco para encontrar el peligro, aunque estar loco ayuda a encontrarlo.
   Ley de la insistencia: La contumaz insistencia en buscar el peligro tiene como consecuencia su fatal hallazgo.
   Ley de la locura social: La locura es contagiosa.

LOS ÚLTIMOS ESPASMOS DE LA LOCURA NUCLEAR

Leyes de la locura nuclear

Ley de la energía nuclear: La energía nuclear tiene una tendencia natural a descontrolarse.

Leyes del arma nuclear

Preámbulo a la Primera Ley del arma nuclear: El arma nuclear fue originalmente creada para ser empleada.
Primera Ley del arma nuclear: El arma nuclear tiene una finalidad, la disuasión.
Segunda Ley del arma nuclear: La disuasión del arma nuclear se alcanza con el hecho de la posesión de ésta.
Adición a la Segunda Ley del arma nuclear: La disuasión del arma nuclear se alcanza con la mera sospecha de su posesión.
Ley de probabilidad de empleo del arma nuclear: La probabilidad de empleo del arma nuclear por parte de un actor nuclear es inversamente proporcional a la probabilidad de que otro actor nuclear responda a ese empleo con otra arma nuclear.
Paradoja del arma nuclear: El arma nuclear está hecha para no ser empleada.

Leyes del arsenal nuclear

Primer Principio del incremento del arsenal nuclear: El incremento del arsenal nuclear de un actor nuclear tiene como objetivo aumentar la seguridad de dicho actor nuclear.
Segundo Principio del incremento del arsenal nuclear: El incremento del arsenal nuclear de un actor nuclear tiene como consecuencia el incremento del arsenal nuclear del actor nuclear con el que se encuentra enfrentado.
Paradoja del incremento del arsenal nuclear: El incremento del arsenal nuclear de dos actores nucleares enfrentados disminuye la seguridad de cada uno de ellos.

Leyes de la carrera armamentística

Primera Ley de la carrera armamentística nuclear: Una carrera armamentística nuclear nace, se expande e implosiona.

Segunda Ley de la carrera armamentística nuclear: La carrera armamentística nuclear entre dos actores nucleares implosiona al producirse la quiebra económica de uno de ellos.

Corolario de la carrera armamentística nuclear: Una carrera armamentística nuclear que implosiona vuelve a nacer (inmediatamente) en cuanto cambian las condiciones económicas.

Principio anexo de la obsolescencia inmediata: Cualquier avance en armamento nuclear de un actor nuclear es contrarrestado inmediatamente por un avance superior en el armamento del actor nuclear con el que se encuentre enfrentado.

Leyes de la central nuclear

Principio de los sistemas complejos: Cuanto más complejo es un sistema más posibilidades hay de que alguno de sus elementos falle.

Principio de los sistemas complejos artificiales: En los sistemas complejos artificiales pueden fallar tanto los elementos naturales como los artificiales.

Primer Principio de los sistemas complejos artificiales con intervención humana: En los sistemas complejos artificiales con intervención humana pueden fallar tanto los elementos naturales, como los artificiales como los humanos.

Segundo Principio de los sistemas complejos artificiales con intervención humana: Los sistemas complejos artificiales con intervención humana fallan, tarde o temprano.

Principio de la central nuclear: Una central nuclear es un sistema de extremada complejidad en el que intervienen elementos naturales, artificiales y humanos.

Primera Ley de la central nuclear: Una central nuclear falla, tarde o temprano.

Primera Adenda a la Primera Ley de la central nuclear: La magnitud de un fallo en una central nuclear por causas naturales es imprevisible, y sobrepasa los pronósticos hechos en un porcentaje que es primero inexplicable, luego ininteligible, después inabarcable, posteriormente inadmisible y, finalmente, inacabable.

Segunda Adenda a la Primera Ley de la central nuclear: La magnitud de un fallo en una central nuclear por causas artificiales es directamente proporcional al número de actores que intervienen en su aprobación, diseño, construcción y explotación, y a las expectativas de ingresos económicos, reglados o no, que cada uno de ellos tiene.

Anexo a la Segunda Adenda a la Primera Ley de la central nuclear o Principio sumador de la construcción: Presupuesta por 100, construye por 150 y factura por 200, más el margen de beneficio, como es natural.

Tercera adenda a la primera ley de la central nuclear: La magnitud de un fallo en una central nuclear por causas humanas es consecuencia del desconocimiento, o de la imprevisión, o de la imprudencia o de la estupidez, o de una combinación de los anteriores factores.

Segunda Ley de la central nuclear: Una central nuclear falla, tarde o temprano, y siempre antes de lo esperado.

Conclusión efímera de las leyes de la central nuclear: El ser humano, una vez iniciado un movimiento en línea recta, es incapaz de variar su dirección, aunque aquél lo conduzca al desastre.

Falacias nucleares

Falacia fundamental: El arma nuclear acabará con todas las guerras.

Núcleo-falacia ad hominem: Las armas nucleares no son malas ya que todos los que se oponen a ellas son unos exaltados.

Falacia de la anfibología nuclear: Las armas nucleares no causan hoy en día destrucción.

Falacia de falsa autoridad nuclear: Las armas nucleares son buenas ya que las poseen las principales potencias.

Falacia nuclei ad baculum: El arma nuclear no está concebida para ser empleada, pero en caso necesario será empleada (para mantener la paz).

Falacia de la casuística nuclear: El arma nuclear evitó un enfrentamiento directo entre Estados Unidos y la Unión Soviética, por lo que evitará los enfrentamientos en el futuro.

Falacia nuclei ad consequentiam: Las armas nucleares no pueden ser malas ya que si lo fueran el mundo estaría abocado a la destrucción.

Falacia de elusión relativa a la cuestión de la energía nuclear: La radiactividad afecta al medioambiente, pero el cambio climático nos obliga a emplear energías que no produzcan Dióxido de Carbono.

Falacia nuclei ad ignorantiam: Las armas nucleares son instrumentos de paz, ya que han evitado la destrucción del mundo durante los últimos setenta años.

Falacia non sequitur nuclear: Las armas nucleares son peligrosas por lo que las grandes potencias nucleares han de evitar que otros países las lleguen a poseer.

Argumentum nuclei ad logicam: La energía nuclear es buena ya que no contribuye al calentamiento global.

Argumentum nuclei ad nauseam: Las armas nucleares evitan la guerra. Las armas nucleares evitan la guerra. Las armas nucleares evitan la guerra. Las armas nucleares evitan la guerra. Las armas nucleares evitan la guerra. Las armas nucleares evitan la guerra (repítase esta frase las veces que sean necesarias hasta lograr el auto convencimiento).

Régimen jurídico de las administraciones nucleares

Múltiple, polifacético, provisto de gran flexibilidad, en perpetuo desarrollo, adaptable a la situación, divisible como una lombriz y dotado de vida propia.

LOS ÚLTIMOS ESPASMOS DE LA LOCURA NUCLEAR

LA ENERGÍA NUCLEAR Y YO

... esa energía de la que usted me habla.

Preferiría que no estuviera en mi patio trasero, pero si lo ponen en el delantero apenas lo noto.

Palabras previas

Hace algún tiempo apareció publicado en la prestigiosa revista *New and Renewed Journal of Nuclear Psichoteratosophy* un escueto artículo firmado por Olbert Plumb-Algarrobo y titulado "Cómo la radiactividad cambió mi vida" (se encuentra convenientemente incluido en esta obra). En este artículo se hacía una poética descripción de la manera en la que la vida del autor había cambiado para siempre tras instalarse una central nuclear en los terrenos aledaños a su coqueta vivienda campestre. Plumb-Algarrobo relata el modo en el que experimentó primero la aparición de diversas personas encargadas de examinar el terreno, después la presencia de las máquinas que comenzaron los trabajos y, posteriormente, la construcción de las aparatosas estructuras que conforman una moderna central de producción de energía a través de la fisión controlada del Uranio. Si estas actividades crearon en Plumb-Algarrobo desconcierto y temor, la definitiva puesta en marcha de la central llevó al autor a un estado próximo al terror existencial, anexado a un inenarrable miedo por los posibles acontecimientos que pudiera depararle el incierto futuro. No es ésta una situación inédita ni novedosa, y probablemente mucho se habrá escrito al respecto, pero lo cierto es que nadie como Plumb-Algarrobo ha conseguido plasmar en tan pocas palabras la angustia que puede llegar a atenazar a una persona por la involuntaria convivencia con la más poderosa de las fuerzas que ha llegado a ser capaz de desatar el ser humano. Lo cierto es que la energía nuclear, publicitada en sus comienzos tras la Segunda Guerra Mundial, como el maná del que habría de alimentarse la humanidad en una nueva y esplendorosa etapa de desarrollo y bienestar, encontró pronto una seria oposición a su progresiva implantación, debido a su estrecha vinculación con las armas nucleares y la carrera armamentística que caracterizó la Guerra Fría, así como al trascendental asunto de los peligros de la radiactividad y de los residuos generados en el proceso de producir energía para favorecer el implacable desarrollo de la sociedad. La necesidad de electricidad barata y continuamente disponible es uno de los requisitos de nuestra exigente era del desarrollo, y la energía nuclear complementa otras fuentes de generación, renovables y no renovables, que componen el conocido como mix energético. El problema surge con la ubicación de las instalaciones necesarias para la producción de la energía, ya que normalmente todos los agentes sociales, económicos y políticos están de acuerdo en que han de existir, pero siempre que estén convenientemente alejadas del propio hábitat, del biotopo, por así decirlo. Nadie quiere que aparezca en las cercanías de su domicilio, lugar de trabajo o sitio de asueto habitual, una central nuclear, o una mina de Uranio o un almacén de residuos radiactivos, aunque estas tres instalaciones, junto a otras menos conocidas, son imprescindibles para el funcionamiento de esta delicada industria. En inglés existe una curiosa expresión que viene a resumir de manera certera esta actitud ante el desarrollo de este tipo de establecimientos "Not in my back yard" (no en mi patio trasero) que puede considerarse un axioma universal que define la relación entre sociedad y progreso; en resumidas cuentas, todos desean los beneficios, pero siempre que los eventuales perjuicios se mantengan convenientemente alejados. Es ésta una actitud que entronca con el instinto de supervivencia, arraigado en los seres vivos, y que resulta egoísta hasta cierto punto, porque aquel que no quiere una central nuclear en las inmediaciones de su hogar no se opone con tanta vehemencia a que ésta se instale cerca del hogar de otro, si éste está situado a una distancia física y mentalmente suficiente. Este principio se cumple de manera más exacerbada cuando las instalaciones percibidas como potencialmente peligrosas se ubican en otros países y, sobre todo, si éstos están económica y socialmente menos desarrollados, lo que resulta incluso más evidente en el caso de los residuos y elementos de desecho, que suelen acabar en países con normativas medioambientales o de seguridad menos exigentes que las de las potencias occidentales.

El aparentemente imparable calentamiento global ha ofrecido a la industria nuclear un respiro en estos tiempos de preocupación por el medioambiente, ya que está siendo publicitada como una actividad con una baja emisión de Dióxido de Carbono a la atmósfera. La búsqueda imperiosa de energías limpias que eviten la subida de la temperatura en el globo y el consiguiente derretimiento de los polos ha tornado a la energía nuclear en un actor relevante en esta cuestión, y la tendencia al cierre de las centrales nucleares, que se venía observando en los últimos años, podría ser revertida, ya que lo que no es probable que cambie es la necesidad de nuestra sociedad de cantidades ingentes de electricidad para el consumo. Si bien es cierto que una central nuclear no produce cantidades apreciables de Dióxido de Carbono, la situación cambia si se tiene en cuenta el resto del ciclo del combustible nuclear, ya que durante las actividades de extracción y procesamiento del mineral de Uranio, en los diversos transportes que se llevan a cabo, e incluso en la construcción y posterior desmantelamiento de las instalaciones nucleares se liberan grandes cantidades de este gas que acaban contribuyendo al calentamiento global, todo ello sin introducir en la ecuación la cuestión de los residuos radiactivos que han de ser almacenados en condiciones estables durante siglos, hasta que decaigan y dejen de ser un peligro para la salud y para el medioambiente.

En definitiva, la energía nuclear constituye un incómodo elemento con el que la humanidad consideró necesario dotarse en un delicado momento de su existencia, y al que en estos momentos no sabe qué destino dar, ya que diversos y lógicos intereses contrapuestos batallan en un campo en el que intervienen de manera decidida los factores emocionales, y en el que las incontrolables fuerzas de la naturaleza tienen también un importante papel que jugar, ofreciendo un panorama altamente confuso y poco definido. La solución a este problema y la respuesta a este enigma pueden depender de muchos actores, y el propósito del texto que se expone a continuación es el de tratarlos de manera sistemática y ordenada, de modo que se ofrezca al lector una visión global de la situación que le ayude a formarse una opinión fundamentada y coherente, en la que su punto de vista particular termine de dar la forma al contenido ofertado.

Una central nuclear en mi patio trasero

El ser humano es un animal (a veces vegetal) de costumbres. Cualquier mínima disrupción en su rutina diaria tiende a causarle una gran desazón y un relevante desconcierto. Y no hay mayor desazón que la que un individuo siente cuando los cambios en su entorno amenazan su seguridad, como necesidad básica que subyace, impulsa y motiva el resto de sus acciones. Muchos son los elementos que pueden interrumpir la anodina y esponjosa cotidianidad con la que el ser humano intenta envolverse para poder intentar predecir el futuro en un mundo eternamente cambiante, pero pocos están revestidos de un poder tan disruptivo como aquellos que llevan anexo el adjetivo nuclear.

El arma nuclear causa pavor, tanto por conocimiento como por desconocimiento, y la energía nuclear, como factor estrechamente emparentado con aquélla, no es usualmente bien recibido por la población, que la ve como una reminiscencia de un pasado enloquecido en el que la novedad significaba progreso, independientemente de que éste tuviera o no en cuenta las consecuencias que podrían producirse en un futuro no demasiado lejano, y que seguirían afectando a la existencia de la humanidad mientras ésta continuara poblando el planeta Tierra. Si bien la radiactividad natural es algo consustancial a la vida tal y como la conocemos, y constituye un factor de influencia decisiva en la evolución de las especies, no puede decirse lo mismo de la radiactividad producida como consecuencia de la actividad humana. El Uranio y otros elementos radiactivos existen en la naturaleza y, mientras se encuentran en su lugar, no causan efectos perniciosos al medio ambiente y a los seres humanos. Se da la circunstancia de que en algunos puntos del planeta en el que existen de forma natural altas concentraciones de elementos radiactivos no se observan efectos adversos en las poblaciones cercanas, aunque los niveles de radiación medidos son siempre bajos. No ocurre lo mismo en aquellos sitios en los que se han llevado a cabo ensayos nucleares, o en explotaciones mineras en las que se ha extraído mineral de Uranio, en las que los restos de la actividad son abandonados sin el debido cuidado; o donde se han producido vertidos de elementos radiactivos o, de manera más trágica, en las inmediaciones de las centrales nucleares que han sufrido graves accidentes, como es el caso de Chernóbil y Fukushima. Son numerosos los estudios en los que queda constancia del elevado número de muertes causadas por la radiación artificial, por no hablar de la miríada de casos de afectados por esta misma circunstancia. Queda además pendiente la cuestión de los residuos nucleares generados por las centrales como consecuencia de su actividad, que son depositados en piscinas dentro de los recintos de las propias centrales a la espera de que su actividad decaiga y puedan ser almacenados indefinidamente, ya que en muchos casos constituirán un peligro para la salud y para el medio ambiente a lo largo de miles de años.

La naturaleza tiene su propio orden, al igual que lo tiene el ser humano, y estos dos órdenes entran muchas veces en conflicto. Las obras, edificaciones e infraestructuras que la humanidad levanta allí donde se asienta no pueden perdurar para siempre, ya que las fuerzas de la naturaleza cumplen inexorablemente su propio orden, ya sea en forma de erosión, seísmo, erupción volcánica o inundación, o cualquier otro tipo de cataclismo inesperado. En este escenario hay que tener también en cuenta la propia naturaleza humana, que muchas veces se opone a su propio orden en forma de error, ausencia de lógica o, directamente, locura. No importa lo bien construida que esté una central nuclear y lo eficaces, complejos y completos que sean sus sistemas de seguridad. Siempre puede actuar la naturaleza como en el caso de Fukushima, o el ser humano, como en Chernóbil, desbaratando todo lo ordenado y planificado, liberando las destructivas fuerzas albergadas en el interior del reactor nuclear, y llevando la destrucción y la muerte a los más lejanos confines del orbe.

Uno vez expuesto lo anterior, no resulta muy difícil comprender el porqué de la usual negativa a tener en las cercanías del espacio personal una central nuclear. Por mucho que se publiciten los beneficios de la energía nuclear y la extrema seguridad de las instalaciones en las que ésta se genera, la ínfima posibilidad de que se produzca un desastre es contemplada con reverente temor por los potenciales afectados, que no desean que su patio trasero quede convertido en un páramo radiactivo como consecuencia de errores, accidentes o catástrofes naturales. No ayuda a contrarrestar esta actitud la opacidad con la que las administraciones responsables de la seguridad, el orden y el bienestar de los ciudadanos tratan normalmente cualquier evento relacionado con la anormal actividad de una instalación nuclear, enmascarándose muchas veces la realidad, disimulándose los riesgos para la población y dando la voz de alarma cuando, definitivamente, ya es tarde para muchos de los afectados.

En cualquier caso, las centrales nucleares existen, ocupan un espacio físico, ofrecen electricidad para los consumidores y riqueza a sus propietarios, generan actividad económica, producen residuos de difícil tratamiento, causan alarma social y, al final de su vida, han de ser cuidadosamente desmanteladas a fin de que no constituyan un peligro para el medio circundante. Es ésta una realidad polifacética con la que hay que convivir y ante la que solo caben dos respuestas, la aceptación o la oposición. La aceptación conduce necesariamente a la adaptación a la situación, ya sea asimilando la realidad y transformándola en un elemento coherente con las propias actitudes y valores, o acomodándose a la misma, lo que conllevaría una modificación del propio sistema de creencias del individuo. La opción de la oposición, sustanciada en el anhelo por el cierre de las centrales nucleares localizadas en el ámbito de influencia, lleva a la lucha, activa o digital, que en regímenes democráticos y en momentos de especial sensibilidad, puede llegar a concluir con la consecución final del objetivo propuesto.

El ciclo del combustible nuclear

Como ya se apuntó con anterioridad, las centrales nucleares necesitan para su funcionamiento de un componente clave, que es el combustible nuclear, y cuyo elemento fundamental es el Uranio. El mineral de Uranio se encuentra en diversos yacimientos de la corteza terrestre, ubicándose los más importantes en Australia, Kazajistán, Canadá, Namibia, Níger, Uzbekistán y Rusia. Este mineral es extraído por medio de variados procedimientos, siendo posteriormente triturado, molido y disuelto en ácido, con el fin de separar el Uranio en forma de óxido del resto de elementos que normalmente lo acompañan, y conformando lo que se conoce como "torta amarilla", debido a su característico color. Dado que el Uranio existe en la naturaleza en forma de distintos isótopos, y que el más útil para la industria nuclear, el U235, se presenta en una proporción del 0,72% que no es suficiente para su empleo, es necesario proceder a su enriquecimiento, para lo cual se transforma en Hexafluoruro de Uranio. Este último producto pasa al proceso de enriquecimiento en complejos y diversos sistemas, entre los que destaca el formado por centrifugadoras, que separan el U235 del resto de isótopos del Uranio hasta alcanzarse la proporción deseada. Finalmente este Uranio enriquecido se transforma en Dióxido de Uranio, al que se da forma de pequeñas pastillas que se insertan en tubos de Circonio, los cuales se ensamblan en unos conjuntos denominados elementos combustibles, aptos para alojarse en el interior del reactor nuclear y comenzar la producción de energía. El combustible nuclear tiene una vida útil, después de la cual debe ser retirado del reactor y, normalmente, almacenado en grandes piscinas de agua en el interior de los recintos de las centrales nucleares, con el fin de que vaya disminuyendo su actividad. Este combustible gastado puede ser reciclado para su posterior uso, o almacenado indefinidamente, ya que continúa emitiendo radiación durante un largo periodo de tiempo.

Como ya quedó anteriormente expuesto, en las distintas fases que componen el ciclo del combustible nuclear se llevan a cabo muchas actividades de gran complejidad, en las que se emplean grandes cantidades de energía hasta que el elemento combustible se halla finalmente envuelto en la seguridad que proporciona el interior del reactor. Esa energía consumida proviene normalmente de combustibles fósiles, ya que en la extracción y en los numerosos transportes se emplean máquinas, camiones, volquetes, trenes y buques, que vierten a la atmósfera ingentes cantidades de Dióxido de Carbono. Además, hay que tener en cuenta que la construcción y posterior desmantelamiento de una central nuclear requiere de largos años de trabajos y de descomunales cantidades de materiales, en los que igualmente intervienen los combustibles fósiles. También la construcción de los almacenes que deben albergar los residuos nucleares y su costoso mantenimiento *ad eternum* es una cuestión que ha de ser tenida en cuenta en la ecuación definitiva del calentamiento global.

Por ello, a la hora de destacar el papel de la energía nuclear como actor en la lucha contra el cambio climático, es necesario adoptar un punto de vista amplio, con el fin de alcanzar una perspectiva global sobre esta compleja situación. No valen las declaraciones simplistas que únicamente tienen en cuenta partes del proceso cuando el todo es ampliamente superior a la suma de esas partes. Puede resultar humano, y hasta lícito, enfocar una situación de modo que se resalten sus aspectos positivos, mientras que lo negativo queda enmascarado o sepultado por la verborrea y las cifras de variado signo; el verdadero problema radica en que la naturaleza solo obedece sus leyes y éstas rara vez tienen en cuenta los deseos de la raza humana.

LOS ÚLTIMOS ESPASMOS DE LA LOCURA NUCLEAR

La industria

Las sucesivas revoluciones industriales han tenido dos efectos determinantes sobre la Tierra. El primer efecto ha sido el de mejorar sustancialmente la calidad y las expectativas de vida de la especie dominante sobre el planeta. El segundo efecto ha sido el de empeorar la calidad y las expectativas de vida de la mayoría del resto de especies con las que la humanidad comparte el espacio y el tiempo (pasado, presente y futuro). Este segundo efecto, a la larga, acabará también empeorando la calidad y las expectativas de vida de la especie humana. La cuestión fundamental en este asunto es la de averiguar cuánto tiempo pasará hasta que la calidad y las expectativas de vida de la humanidad empeoren de manera significativa y si, cuándo esto pase, el proceso es reversible o se trata ya de un inevitable suicidio colectivo. Son numerosas las voces que alertan de esta precaria situación, pero pocas las medidas que se toman con seriedad al respecto. Los seres humanos nos hemos acostumbrado a vivir rodeados de ciertas comodidades aportadas por la omnipresente industria, sin las cuales la existencia quedaría limitada a los estándares de la Edad Media. Esto resulta obviamente inaceptable y el avance es inexorable, hacia un mayor bienestar, pero también hacia una completa aniquilación. La industria nuclear nació en un delicado momento de la historia, como medio de aprovechar los conocimientos adquiridos tras las investigaciones del Proyecto Manhattan y como remedio para evitar la proliferación de armamento nuclear una vez finalizó la Segunda Guerra Mundial. Para un país, disponer en los años cincuenta y posteriores de centros pioneros en la investigación nuclear y de centrales nucleares capaces de producir electricidad para el consumo, era el culmen del progreso y de la modernidad, y todo el que quiso y pudo procedió a aprovisionarse con la nueva y milagrosa forma de energía. La progresión de esta industria fue imparable y exponencial, y su imagen estaba rodeada por un halo de infalibilidad y poder que la hacían altamente deseable y digna de elogios por parte de la población y de sus gobernantes. Todo cambió el día en el que las consecuencias de la imprevisión, de la falta de mantenimiento o de la incontestable acción de la naturaleza arrojaron a la cara de los felices ciudadanos el lado oculto de la industria nuclear y sus constatables peligros para la salud y el medioambiente. No obstante la industria sigue existiendo y, aunque algunos países han decidido disminuir su dependencia de la misma, o incluso erradicarla, lo cierto es que se siguen construyendo nuevas centrales y se prosigue con su inserción en el mix energético encargado de abastecer a la humanidad.

La participación de la industria nuclear en el complejo entramado que forma el moderno mundo empresarial es notable y tiene una especial relevancia dadas las variadas actividades que componen el ciclo del combustible y la propia generación de energía. Además no solo se ven implicadas poderosas corporaciones energéticas, ya que en la mayoría de los países la participación del Estado es fundamental, siendo en algunos casos el propietario y gestor de instituciones y empresas públicas con un importante papel a lo largo de todo el ciclo. Los intereses son múltiples y la interdependencia es constatable, lo que hace que cualquier movimiento en el sector tenga amplias implicaciones en el delicado tejido empresarial que sustenta la actual sociedad del bienestar.

El Gobierno

Las naciones se diluyen en la actualidad. Aquellos singulares elementos, que diferenciaban a un país de otro, son cada vez más difusos y la tendencia es a la homogeneización y a la globalización, de actores y de actos. El poder económico se encuentra profundamente enraizado en el sustrato siempre fértil del poder político, y resulta difícil distinguir dónde comienza uno y dónde el otro. Las grandes corporaciones, antaño firmemente establecidas en las principales potencias y símbolos del poderío económico de las naciones, son hoy en día efímera propiedad de múltiples grupos de desconocidos inversores, sin nombre y sin espacio físico en el que ubicarlas. Aun así dejan sentir su firme presencia más que nunca, influyendo enormemente en las decisiones políticas y modulando la forma en la que las principales decisiones son tomadas en los más altos niveles gubernamentales.

La energía nuclear que en otros momentos de la historia fue símbolo de prosperidad, progreso y poder, es hoy un molesto inquilino con el que los Gobiernos deben tratar, intentando dar satisfacción a la industria y a los ciudadanos por igual. La actual tendencia en muchos países, sobre todo tras el notable suceso en la central de Fukushima, es la de no otorgar más licencias para la apertura de nuevas centrales nucleares, e ir cerrando progresivamente las que se encuentren en funcionamiento, una vez haya concluido su vida útil. La consideración, en estos casos, es que la energía nuclear no es la solución al cambio climático y que supone un peligro que la humanidad no está preparada para asumir. Otros países han optado por realizar un análisis distinto del problema, concluyendo que mejorando los sistemas de seguridad se puede continuar contando con la energía nuclear como medio de producir electricidad para mantener el consumo, actual y venidero. Se da la circunstancia de que la energía nuclear es vista con distintos ojos según sea la tendencia política o el color de los Gobiernos en cuestión, lo que hace más difícil tomar una decisión objetiva, dados los tradicionales vaivenes en el poder que se encuentran enfrentados al incontestable hecho de la persistencia del problema. Los partidos políticos vienen y van y su ascenso al poder es siempre efímero, máxime teniendo en cuenta lo costoso que resulta poner en funcionamiento una central nuclear y las profundas implicaciones que tendrá su existencia a lo largo de un dilatado período de tiempo. No existe en el ámbito de la política el concepto de la previsión y mucho menos el de la trascendencia, y el afrontar un problema como el de la energía nuclear con soluciones a corto plazo es un síntoma evidente de miopía mental, cuando no de locura.

La breve existencia del ser humano no alcanza para contemplar la situación en toda su extensión, y la más breve existencia de los Gobiernos hace que éstos no lleguen a ser conscientes del legado que se deja a las posteriores generaciones y al planeta en su conjunto. Además, las posibles soluciones a adoptar, han de ser implementadas de una manera global, ya que la radiactividad no entiende de fronteras, y la atomización que sigue caracterizando a la organización social y política de los seres humanos hace que resulte una tarea imposible el llegar a soluciones satisfactorias en el contexto actual.

Es incluso probable que la ocurrencia de nuevos desastres nucleares lleve a la irremediable toma de conciencia de la magnitud del problema generado, aunque ésta sería una manera extremadamente dura de aprender el camino correcto cuando, en esencia, éste es el que tiende a alejar a la humanidad de su propia destrucción.

Los ciudadanos

A lo largo de la historia los ciudadanos rara vez han participado en la toma de las decisiones políticas que podían afectarles. Los regímenes autoritarios han sido una constante en las formas de organización adoptadas por los seres humanos, lo que ha hecho que la mayor parte de la población sufriera de manera pasiva las consecuencias de las decisiones que sobre su existencia eran tomadas en esferas fuera de su alcance. La alta impermeabilidad existente entre las diferentes clases sociales ha incidido aún más en la separación física y mental entre los ciudadanos y sus gobernantes, insertando profundamente en la conciencia colectiva de los primeros una ausencia total de voluntad para poder cambiar la situación. La revolución francesa y la independencia de Estados Unidos, junto con la difusión de las ideas revolucionarias a lo largo del siglo XIX, cambiaron de forma radical esta situación, hasta desembocar en la revolución rusa, agitando de forma significativa los pilares sobre los que se asentaban las estructuras de poder que habían perdurado desde los albores de la humanidad. La eclosión de ideas y movimientos reivindicativos surgidos en los años sesenta del siglo XX acabó por definir un nuevo tipo de ciudadano que ya no se contentaba con asumir pasivamente las decisiones que por él adoptaban unas élites dominantes y usualmente desconectadas de los problemas cotidianos El hartazgo de la población por los continuos conflictos bélicos que, como válvula de escape de la Guerra Fría, jalonaron esa época y el temor ante la destrucción del planeta como consecuencia de la desenfrenada carrera armamentística protagonizada por las armas nucleares ejercieron de poderosa motivación para que las protestas se generalizaran y las decisiones trascendentales fueran contestadas en la calle en forma de manifestaciones y de otros actos de protesta. El advenimiento de Internet y de las redes sociales ha servido para terminar de concienciar a los ciudadanos de la necesidad de contar con la implicación de todos en la toma de decisiones, negando a los gobernantes el crédito ilimitado con el que hasta ese momento contaban.

La energía nuclear constituye un tema polémico en el sentido en que las opiniones sobre ella están extremadamente polarizadas, lo que suele suceder en asuntos de gran trascendencia que además incluyen una variable económica y otra de peligro inminente para la supervivencia global. Los graves accidentes que han afectado a la industria nuclear, la no resolución del tratamiento de los residuos radiactivos, la profunda imbricación existente entre la producción de energía y el cambio climático, y la asociación de todo lo que lleve el adjetivo nuclear con las armas y la destrucción constituyen eficaces resortes que movilizan a la opinión pública para que se oponga a la instalación de centrales nucleares. Por el contrario, el desarrollo económico que llevan aparejadas estas infraestructuras hace que grandes sectores de la población se muestren favorables a la implantación de la energía nuclear, como medio para mejorar su calidad de vida. El enfrentamiento entre estos dos puntos de vista es solo un síntoma de la importancia que para la población tiene esta cuestión y de la relevancia que ha adquirido para una sociedad global, inconformista y contestataria que quiere aprovechar las ventajas que le ofrece el actual mundo hiperconectado.

La energía nuclear levanta pasiones, y la forma tan escabrosa que ha tenido esta energía de irrumpir en la vida de los ciudadanos, la falta de soluciones a larguísimo plazo que exigen los problemas que se han creado en un periodo de tiempo tan corto y la cuasieterna amenaza de la potencial liberación de los elementos radiactivos confinados entre acero y hormigón no hacen sino alterar las conductas y modificar las conciencias que sobre este particular tienen los ciudadanos.

La ciencia

La ciencia es como un galgo en un canódromo; siempre va hacia adelante, aunque solo sea para dar vueltas continuamente. La ciencia está inexorablemente ligada a los avances que la humanidad ha realizado desde el inicio de los tiempos. Los principales avances científicos han basculado entre la mejora sustancial de las condiciones de vida del ser humano y el perfeccionamiento de los medios para destruirlo. Guerra y paz constituyen los dos senderos entrelazados por los que la ciencia se ha visto obligada a transitar, y los avances en uno y otro sentido han servido para una perpetua retroalimentación que ha hecho que, en esencia, sea difícil diferenciar ambas facetas. La historia está jalonada de conflictos en los que, progresivamente, se han ido desarrollado importantes avances científicos y tecnológicos que, en los breves periodos de paz, han sido aprovechados en beneficio de la población. Esto mismo ha ocurrido con la energía nuclear. Los importantes descubrimientos habidos en torno a la radiactividad a principios del siglo XX coincidieron con el inicio de la II Guerra Mundial, que además sirvió para que un nutrido grupo de investigadores europeos se viera obligado a emigrar a Estados Unidos con el fin de escapar de las garras del nazismo. Entre estos investigadores destacaban aquellos que habían realizado los principales descubrimientos en torno a la radiactividad y a la fisión nuclear. La potencial amenaza de desarrollo de armas nucleares por parte del régimen de Hitler en Alemania impulsó al Gobierno de Estados Unidos a iniciar su propio programa nuclear de carácter bélico, denominado Proyecto Manhattan. Este proyecto constituye un hito en la historia de la ciencia, no solo por el significado de su objetivo, crear un arma capaz de generar una destrucción hasta entonces inimaginable, sino por la envergadura de la inversión realizada y por la acumulación de mentes privilegiadas trabajando por la consecución de ese objetivo, lo que consiguió que en un breve periodo de tiempo se pasara de un estado de conocimiento embrionario al dominio de las poderosas fuerzas encerradas en el interior del núcleo del átomo.

Es lógico pensar que el dilema moral que atenazó las mentes de aquellos científicos fue de enormes dimensiones, ya que estaban poniendo sus conocimientos y su esfuerzo al servicio de la destrucción, si bien es cierto que el fin de su trabajo era el de enfrentarse a regímenes totalitarios, cuyos únicos objetivos eran el dominio del espacio físico, el control de los recursos y la aniquilación de todo aquel ser pensante que fuera diferente a la norma impuesta. El fin de la Segunda Guerra Mundial, escenificado con la destrucción mental y física de Hiroshima y Nagasaki y la posterior carrera armamentística que caracterizó la Guerra Fría siguieron aumentando la magnitud del dilema moral, a la par que más y más científicos se implicaban en el desarrollo de nuevas armas, con un poder destructivo cada vez mayor. El discurso de "Atoms for Peace" del Presidente Eisenhower intentó cambiar el signo del empleo del factor nuclear, disminuyendo el peso de la vertiente bélica y aumentando la inversión en su uso pacífico en beneficio de la humanidad. El propósito y el esfuerzo eran lógicos en aquellos momentos, aunque la carrera armamentística siguió su rumbo inexorable y la implantación de la energía nuclear quedó marcada desde su origen por el esperpéntico modo en el que había sido concebida.

En el momento actual, y a pesar de los avances en pro de la moderación realizados desde todos los ámbitos de la comunidad internacional, el desarrollo de las armas nucleares sigue siendo una constante, en tanto que la energía nuclear se encuentra sumida en una profunda crisis de identidad. El esfuerzo científico y la inversión económica en ambos sectores siguen siendo enormes. Dentro de la esquizofrenia que caracteriza todo lo relacionado con lo nuclear, no son pocos los científicos que alertan sobre el peligro del exceso armamentístico y del callejón sin salida que supone la energía nuclear, en tanto no se solucionen de forma eficaz los asuntos relativos a la seguridad y a los residuos.

Siendo uno de los objetivos de la ciencia el estudiar los fenómenos naturales, resulta evidente que en el caso de lo nuclear se han sacado conclusiones que han creado una precipitada e ilusoria sensación de control de fenómenos cuya naturaleza escapa a la voluntad del ser humano.

El medioambiente

Las limitadas dimensiones de la Tierra quedaron de manifiesto cuando Juan Sebastián Elcano llevó a cabo la primera circunnavegación del planeta, aunque no fue hasta el momento en el que la humanidad consiguió observarse a sí misma desde el espacio cuando se adquirió una conciencia global de la fragilidad del entorno que sustentaba la vida. Los elementos existentes en la corteza terrestre son extraídos y transformados en beneficio de los consumidores que aprovechan aquello que les es necesario y devuelven a la naturaleza aquello que les resulta inútil. Lo que se encontraba desde tiempos inmemoriales depositado en armonía con su entorno es convertido en un residuo que la naturaleza es incapaz de asimilar y que permanece durante eones perjudicando a los seres vivos, entre los que se encuentran los seres humanos. La Tierra es al mismo tiempo jardín y basurero, sustrato básico del que aprovisionarse y cementerio de todo aquello que sobra y es perjudicial. En el breve lapso de tiempo que arranca desde la revolución industrial la humanidad ha sido capaz de poner no solo su propia pervivencia en peligro, sino la de todos los seres vivos que pueblan el orbe. Se trata de un problema global sin solución a corto plazo debido al exasperante e insoluble problema que constituye la tarea de poner de acuerdo a todos los actores implicados en el proceso de contaminación y destrucción del medioambiente. Empresas, Gobiernos y ciudadanos se encuentran inmersos en una desenfrenada carrera sin fin de explotación de los recursos para mejorar la calidad de vida y los beneficios económicos, sin tener en cuenta que la materia prima se acaba y es sustituida gradualmente por desperdicios que tienden a envenenar el entorno en el que se desarrolla la vida.

La basura se acumula de manera exponencial y entre ella destacan, por su peligro y por su persistencia, los residuos de la industria nuclear. La actual solución de almacenarlos en piscinas o en contenedores de hormigón hasta que decaiga su actividad no parece ser la más conveniente ya que supone un apaño para un problema al que las venideras generaciones se verán enfrentadas. Ocultar la realidad o mirar hacia otro lado es más propio de necios que de seres que se sitúan a sí mismos en la cúspide de la evolución. El anhelado fin para estos residuos es el de colocarlos en almacenamientos geológicos profundos, que aún no han sido construidos, donde esperarán al fin de los tiempos, con el anhelo de que la corteza terrestre se siga comportando como lo ha hecho hasta el momento. El ser humano, limitado por su corta existencia, consciente de ella al mismo tiempo y ansioso por trascender, se ve obligado a navegar entre dos aguas que limitan el alcance de sus acciones, y que son el tiempo y el espacio. El temprano conocimiento de estas circunstancias ha sido un poderoso acicate para que se intentara manipular la realidad en un burdo intento por forzar sus límites, alargando artificialmente la vida y tratando de escapar del congestionado planeta que un día marcó el horizonte existencial. Ambos esfuerzos han chocado con la barrera que constituye la física y que hace que la humanidad hoy se encuentre tan solo un peldaño por delante de sus antecesores de la Edad de Piedra. En tanto no se consigan sobrepasar los límites actuales es necesario hacer un esfuerzo por concienciarse de que destruir el propio hogar tiene como principal consecuencia la autodestrucción y que, aunque parezca que este afán por aniquilarse esté firmemente grabado en el ADN del ser humano, también lo está el anhelo por perpetuarse y por mejorar el legado recibido. Ambos platos se encuentran hoy en día en desequilibrio y sería razonable proceder a su nivelación antes de que la balanza acabe por desmoronarse.

Un año de soledad

No son pocos los relatos y películas de ficción en los que la humanidad se extingue debido a un conflicto nuclear, a una epidemia generada por algún virus especialmente resistente o por un súbito cambio climático, dejando a unos pocos supervivientes con la penosa tarea de preocuparse por intentar ver amanecer un nuevo día en un mundo que ya no les reconoce como el escalón más alto de la evolución. En estas situaciones posapocalípticas la naturaleza retoma con avidez los espacios que le fueron un día hurtados y la erosión y la vegetación tienden a sepultar las obras que tan costosamente erigieron los seres humanos. Las carreteras desaparecen, los muros ceden, los edificios se derrumban y los puentes se desploman. El tiempo borra las huellas, como antes ya borró a tantas civilizaciones que un día pretendieron dominar la creación. Sin embargo nuestra civilización contemporánea ha sido capaz de crear infraestructuras hechas para durar, aunque no para perdurar. Las centrales nucleares son grandes obras de ingeniería en las que ingentes cantidades de hormigón y de acero se entremezclan para que la radiación emitida en su reactor quede contenida y no alcance de ninguna de las maneras el exterior, donde podría causar estragos a la salud de las personas y al medioambiente. Los sistemas de funcionamiento y de seguridad con los que están dotados estos colosos son ejemplares exponentes del asombroso ingenio humano y de su capacidad para resolver los problemas que la naturaleza le plantea en su afán por seguir su propio orden. El advenimiento de la revolución digital ha aumentado la complejidad de estos sistemas, aliviando la carga de trabajo de las personas para trasladarla a unos mecanismos incansables y, lógicamente, infalibles. Pero, ¿qué pasaría en el seno de una central nuclear si el ser humano se extinguiera de repente?

La electricidad mueve la civilización y lo mismo ocurre con las centrales nucleares, que la producen y requieren además de ella para su funcionamiento. En el accidente ocurrido en la central de Fukushima se produjo precisamente el fallo de todos los sistemas eléctricos que daban vida a los sistemas de emergencia de la central lo que causó una de las mayores catástrofes medioambientales de la historia. Es ésta una de las consecuencias que puede tener la ausencia del ser humano que se encarga de atender una central nuclear, ya que al fallar el fluido eléctrico se produce el deterioro del funcionamiento normal de la instalación, lo que en última instancia produce la liberación de elementos radiactivos, primero al entorno circundante y posteriormente, y gracias al viento y a las corrientes marinas, al resto del planeta. Son muchos los emplazamientos que requieren de una supervisión y de un mantenimiento preventivo constantes, siendo normal que al fallar éstos la naturaleza siga su curso, borrando del paisaje aquello que no comulga con sus leyes inexorables. Centrales nucleares, almacenes de residuos, fábricas de elementos combustibles e instalaciones de procesamiento y enriquecimiento del Uranio, por no hablar de los arsenales bélicos de las potencias nucleares, almacenan elementos de gran peligrosidad cuya liberación al medioambiente causaría daños que permanecerían en el planeta como mudos testigos del paso de la humanidad por el mismo.

La extinción del ser humano dejaría a todas las centrales de producción de energía eléctrica sin supervisión, lo que en un breve periodo de tiempo haría que dejasen de cumplir con su función. Las instalaciones nucleares se verían inmediatamente afectadas, deteniéndose el funcionamiento de aquellas que producen energía e inutilizando todos aquellos sistemas que se encargan de que los elementos radiactivos permanezcan en su sitio sin causar daños.

El mito griego de la caja de Pandora tiene aquí su máximo exponente, ya que habiendo recibido el ser humano la materia como sustrato del que producir energía, se afanó en destripar su contenido, fragmentando aquello que constituye su esencia, el núcleo del átomo, y liberando en el proceso una fuerza que apenas comprende y que no es capaz de domeñar. En caso de desaparecer la humanidad de la faz de la Tierra ni siquiera la esperanza, que quedaba en el fondo de la caja de Pandora, servirá para salvar de la penuria al resto de criaturas que pugnarán por heredar los escombros de la civilización.

LOS ÚLTIMOS ESPASMOS DE LA LOCURA NUCLEAR

CÓMO LA RADIACTIVIDAD CAMBIÓ MI VIDA

Reproducción convenientemente autorizada del artículo titulado "Cómo la radiactividad cambió mi vida", de Olbert Plumb-Algarrobo, Doctor en Profundología Contemporánea por la Universidad Urbana de Añazo, aparecido en el número de primavera de 2018 de la revista *New and Renewed Journal of Nuclear Psichoteratosophy*.

La luz del atardecer se difuminaba tenuemente por entre los resquicios que las contumaces nubes de invierno liberaban para solaz de la vista y regocijo del alma. El tiempo resultaba cálido para lo que la estación tenía acostumbrados a los habitantes de la pradera que, en suave pendiente, se deslizaba hasta alcanzar las claramente definidas orillas del río. Estaba siendo un año lluvioso, y la naturaleza se mostraba esplendorosa, aun cuando faltaba más de un mes para que la primavera diera oficialmente comienzo. La hierba crecía desordenadamente uniforme y ofrecía a animales y personas un verde y mullido tapiz en que ser y estar de manera pacífica (recuerdo que, al respecto, el imbécil de mi vecino me comentó en cierta ocasión que todo era un poco orgánico). El paisaje, en su integridad, cantaba las excelencias de la naturaleza en armonía, y parecía que el ser humano nunca hubiera ollado aquellos pagos dejando tras de sí su consabido rastro de civilización y progreso. A lo lejos, bajo la blandura que proporcionaban las ramas de los sauces, se distinguían las siluetas de tres personas, en cuyas manos era fácil adivinar la presencia de unos grandes pliegos que se mecían temblorosamente a merced del capricho de la brisa crepuscular. No di importancia a aquel hecho, que a la larga resultaría trascendental, y que acabaría marcando de manera indeleble mi existencia.

Meses después aparecieron más personas en la distancia, provistos de papeles y de complejos instrumentos de medida. La curiosidad hizo que me acercara a ellos para observarlos con más detenimiento, pero no pude sacar ninguna conclusión sobre las actividades que desarrollaban en aquella eterna e inmutable pradera. Al poco aparecieron las máquinas, el ruido y la destrucción y ya nada fue como había sido desde el principio de los tiempos. La hierba desapareció, sepultada por una espesa capa de polvo ocre, que pronto recubrió los más recónditos resquicios del paisaje. Los árboles fueron sistemáticamente talados y sus cuerpos, exangües, permanecieron largo tiempo apilados al borde del río, como mudos testigos de la hecatombe acaecida en el lugar. Los muros de hormigón empezaron a herir el cielo con sus desnudos perfiles y, de manera casi imperceptible, la vida fue retirándose de aquel yermo paisaje para no volver a aparecer más. Una valla metálica creció alrededor de las estructuras en gestación, y después otra valla envolvió a la primera. Surgieron carreteras y caminos en los que el alquitrán terminó por sepultar la hierba quemada y crujiente. Los camiones llegaban y se iban, llevándose la otrora fértil tierra, y sustituyéndola por cemento y metal que los operarios se encargaban de amoldar al proyecto reflejado en el papel. Finalmente la estructura quedó concluida, y llegó el turno de los interminables convoyes que acarreaban en su interior las máquinas y los aparatos que darían vida a aquel lugar. Un día todo quedó concluido y un silencio opresivo envolvió el paraje. La calma quedaba esporádicamente turbada por la visita de alguna comitiva que entraba y salía de la instalación por la carretera de acceso que, en un arranque de inconsistencia, habían flanqueado con unos raquíticos árboles que nunca acertaron a adaptarse al lugar y que permanecieron mustios e inalterables al paso de las eras.

Una madrugada, cuando ya nada parecía ir a cambiar, apareció un lento transporte, custodiado por varios vehículos de seguridad. Las irritantes luces rotativas arrancaban fantasmales reflejos anaranjados a las descoloridas paredes de la instalación. El trasiego de vehículos y personas continuó hasta que, tras un breve periodo de efervescencia, las inmensas e hiperbólicas torres de refrigeración empezaron a vomitar largas columnas de vapor y la central nuclear se puso en funcionamiento.

Las plantas murieron, los animales huyeron y los seres humanos que habían poblado durante siglos la zona hubieron de adaptarse a la nueva situación y hacer de la central un nuevo tema omnipresente de conversación, que ocupaba el núcleo de todo lo que existía y que dominaba el paisaje, aunque uno le estuviera dando la espalda. La vida se tornó gris y desabrida y las esperanzas de que algo cambiara a mejor se vieron sepultadas por el inexorable paso del tiempo.

Cuando ocurren las desgracias suele ser debido a una improbable sucesión encadenada de acontecimientos, y cuando ocurren las tragedias suele ser debido a una improbable sucesión encadenada de desgracias. Aquel invierno llovió como nunca lo había hecho, según dijeron después los responsables de poner los parches al estropicio. La inmensa presa construida río arriba se vio obligada a desaguar parte de su contenido con el fin de prevenir la rotura y el desbordamiento. El caudal del río subió, y sus turbulentas aguas comenzaron a golpear de manera insistente los gruesos diques construidos para proteger la central de las raras crecidas. El día en el que más violentas bajaban las aguas se produjo la fatalidad en forma de anormal movimiento sísmico en una tierra en la que no había ni siquiera registro de tales eventos. Como consecuencia del terremoto los dos reactores de la central nuclear iniciaron una parada controlada para que no se causaran daños a la integridad de las estructuras y de los procesos que se desencadenaban en su interior. Los reactores necesitaban que durante el curso de este procedimiento los sistemas de refrigeración siguieran funcionado, a fin de evitar el sobrecalentamiento del núcleo que podría originar una explosión. El seísmo afectó también a la ya de por sí saturada presa que contenía las aguas río arriba, y numerosas grietas comenzaron a recorrer su superficie, debilitando su estructura y socavando su integridad. Tras una gota vino otra, y luego otra, hasta que el hormigón cedió y el agua bajó rugiendo por la garganta que conformaba el cauce del río, aumentando su velocidad y su potencia a cada instante, y arrasando con las construcciones que encontraba a su paso. La brutal crecida llegó hasta el meandro en el que se aposentaba la central, saltó los diques e inundó toda la estructura. El agua se coló por todos los rincones, impidiendo que las baterías y los generadores diésel que alimentaban en situaciones de emergencia el sistema de refrigeración pudiesen cumplir con su misión. El seísmo también había afectado al suministro eléctrico exterior de la central, que en caso de emergencia debía estar en condiciones de alimentar el sistema de refrigeración. La temperatura en el núcleo subió de manera descontrolada, haciendo que se fundiera gran parte del combustible que se encontraba en su interior, aumentando consecuentemente la presión hasta que la estructura no aguantó más y se produjo el escape de elementos radiactivos al exterior del reactor. El agua y el viento ayudaron a extender la fuga radiactiva a grandes distancias de su origen y pronto el evento alcanzó magnitudes incontrolables que lo situaron en la categoría de desastres impredecibles. Parece ser que si un mal es impredecible puede ser asumido con menos esfuerzo; más rabia, pero menos esfuerzo.

Las autoridades, en estrecha colaboración con la empresa propietaria de la central, primero negaron que aquello tuviera trascendencia, después mostraron su ira hacia la naturaleza, los habitantes de la zona, los medios de comunicación y los partidos políticos de la oposición; posteriormente se hicieron diversas declaraciones en las que trataron de negociar una salida digna a la crisis, a continuación, y ante la constatación de lo inevitable, surgieron los lamentos y la tristeza, para después aceptar públicamente una parte mínima de la responsabilidad ya que, como es costumbre y norma, nadie envía sus barcos a luchar contra los elementos. El paso del tiempo y el surgimiento de otros temas que interesaban a la opinión pública hicieron que poco a poco el asunto fuera pasando de las portadas a la segunda fila, de ésta a las noticias breves y de éstas a los aniversarios luctuosos.

No existen aquellos sucesos de los que no se habla, excepto para aquellos que se ven obligados a protagonizarlos y a convivir con ellos. Aquel suceso en particular fue el último impulso necesario para que la vida abandonara la pradera. Lo poco que quedaba de la primigenia y exuberante naturaleza desapareció y los seres humanos fuimos obligados a emigrar y a alojarnos primero en unos precarios campamentos, para después ser trasladados a unos anónimos edificios en el extrarradio de la ciudad. Nuestras posesiones quedaron allí, dentro de las casas, antes hogares y ahora códigos dentro de una inmensa área de exclusión. Nos someten periódicamente a controles para verificar que nuestro estado de salud no ha mermado en demasía como consecuencia de la exposición a la radiación. A veces, sentado en mi sillón y mirando sin ver la televisión encendida, recuerdo de manera extrañamente real la suave pendiente que formaba la pradera en su recorrido hasta el río y deseo estar allí, deslizándome hacia el agua, hundiéndome en ella, para no salir jamás.

ANALOGÍA NUCLEAR

Notó que algo no iba bien cuando empezó a dejar de notar la realidad.

Levantó, sin apenas notar la capa de polvo que lo cubría, el auricular y se quedó escuchando con los músculos del cuello rígidos en imperceptible tensión. A su oído izquierdo llegó, desde millones de años luz de distancia, una especie de eructo prolongado, mezclado con unos estertores sibilantes y sincopados, y un ruido de fondo inclasificable. El teléfono, un modelo antiguo de pared, color crema desabrida, lleno de marcas, roces y raspaduras, y con un disco para marcar los números borrosos, que amenazaba con comenzar, de un momento a otro, su vida independiente, había pasado sus mejores tiempos, pero la dejadez y la falta de dinero lo condenaron a una inestable cadena perpetua, suspendido de un tornillo demasiado pequeño y sin taco, junto a una mesita de plástico imitación madera sobre la que descansaban un listín viejo y sin lomo, lleno de notas indescifrables, casi jeroglíficas, en las primeras páginas, y un cenicero de cristal traslúcido verde renegrido y desportillado; y una pequeña y roñosa banqueta a juego (con la mesita). Esperó inmóvil, de pie, como uno de esos artistas que imitan estatuas en las calles, la expresión inescrutable, y aguantan horas y horas a cambio de un puñado de monedas; apoyado en el cochambroso papel floreado que recubría, a irregulares intervalos, el pasillo de la vivienda. En la penumbra apagada del atardecer las sombras poblaban los rincones extendiéndose poco a poco, de forma programada y meticulosa, ampliando sus dominios por momentos, sin prisa, sin freno, como cada día desde el comienzo de la eternidad.

Había estado tumbado en el sofá, con los brazos cruzados desmañadamente sobre el pecho y la mirada ida, perdida entre las numerosas manchas de los mosquitos aplastados que tapizaban el techo, y en las que se entremezclaban tanto sus añejos cadáveres como la reseca sangre que contenían sus estómagos en el momento en el que la parca, disfrazada de zapatilla de estar por casa, los sorprendió. Podría haber parecido que estaba muerto pues apenas parpadeaba y su respiración era inapreciable entre la quietud amortiguada y soporífera con la que las pesadas cortinas encadenaban la estancia.

LOS ÚLTIMOS ESPASMOS DE LA LOCURA NUCLEAR

Tumbado, pensando y recordando, volviendo a vivir aquello que ya solo en las circunvoluciones más escondidas de su memoria existía y que pasaría al olvido al mismo tiempo que él. Sin que nadie supiera de su existencia y sin que nadie lo echase de menos.

Y pensó, y recordó cuando, aquella mágica noche, perdida ya en el tiempo, se miraron por primera vez a los ojos entre la multitud y de repente el resto del mundo pareció fundirse y difuminarse como los colores en la paleta de un pintor inspirado. Cómo el sonido de las conversaciones y la música se fueron apagando hasta convertirse en un casi inapreciable sonido marginal, susurrante y metamórfico, como el rumor de un riachuelo, corriendo y burbujeando entre los guijarros en un esplendoroso atardecer veraniego. Cómo sintió que su cuerpo se electrizaba y su cabeza daba vueltas en un lugar muy alejado de su conciencia, trayéndolo y llevándolo de un lado a otro sin moverse del centro del ojo de un huracán desatado. Cómo sus pensamientos giraban atropelladamente en un vórtice arrebatador y exultante, infinito en tiempo y espacio, un camino de ladrillos dorados, un viaje por las nubes llenas de agua y electricidad, una excursión inconsciente por el universo de dentro y de fuera, de aquí y de allá. Cómo su corazón palpitaba alocada y desbocadamente, retumbando en sus sienes como un martillo etéreo y continuo, forjando y formando, igual que las olas del mar se internan en violentas incursiones entre las rocas de la costa y las modifican caprichosamente, con suavidad pero sin piedad. Cómo mirando aquellos ojos descubrió lo que siempre había estado allí, durmiendo y anhelando. Y cómo con el descubrimiento llegó el olvido, con el olvido el paraíso, después el infierno y, finalmente, el limbo, crudo, esponjoso, impalpable, neblinoso; el olvido del olvido. Pero eso llegó más tarde. No al final, pero sí más tarde. Y, hasta que llegó, el tiempo se dilató y encogió y dejó de existir para volver a nacer al instante siguiente y morir y resucitar una y otra y otra vez. Y así se habría quedado por toda la intemporal eternidad si a él le hubiesen preguntado su opinión. Pero nadie pregunta nada cuando nadie sabe nada, ni cuando nadie tiene interés en saber nada.

Durante aquella época de estancia en el paraíso se perdió y se encontró, sin apenas tener tiempo para apercibirse de los cambios, escribiendo línea sobre línea, pintando un cuadro sobre otro, tocando una nota sobre otra. El amanecer entraba por la ventana mientras la noche todavía reinaba sobre la cama, desordenada y caliente, donde los dos flotaban, fundidos en un abrazo sin principio ni final, perdidos en un mundo nuevo que siempre había existido en algún rincón, o quizás en todos los sitios. Y el anochecer los encontraba en el mismo lugar, naufragando cada uno en los ojos del otro hasta que desaparecía la luz y los cuerpos se mezclaban, transmitiendo por otros sentidos lo que la oscuridad velaba a la vista, apenas olvidando la necesidad de volver a mirarse hasta el siguiente día.

Y el sol y la luna siguieron bailando al son de la música del universo, girando y girando, iluminados por las distantes estrellas y arrojando un pálido reflejo de su danza inmemorial sobre la superficie desigual de la Tierra, escenario de escenarios, palestra, platea y telón.

Y porque nada dura para siempre, ni siquiera la nada, la música dejó de repente de sonar. Sin avisar, sin fundido, de sopetón. En un instante estaba ahí, como siempre, y al siguiente solo el eco rebotaba en los rincones más alejados de un vacío y yermo paisaje.

Y la inercia hizo que siguieran dando vueltas, bailando sin música, como si todavía resonase en lo más profundo de sus oídos o quizás, en ese sitio difuso en el que acaba la realidad y comienzan los recuerdos, en esa cambiante frontera imposible de aprehender donde la vigilia se funde y confunde con el sueño.

Pero la inercia acabó por acabar y cuando se dieron cuenta de que ya no había música, ésta hacía mucho tiempo que ya no sonaba. Se sorprendieron a sí mismos bailando sin bailar, abrazados sin abrazarse, durmiendo sin dormir, queriendo sin querer y odiando sin odiar. El infierno, insidioso y penetrante, se instaló en sus vidas. Se acabó la fiesta, terminó el carnaval de los cuerpos y las almas y comenzó la resaca con su constante golpeteo de odio sobre odio y vuelta sobre vuelta, arrojando a los escarpados y vacíos acantilados los últimos restos del naufragio que aún se resistían a hundirse en los abismos de la realidad.

Y el infierno fue bueno en el sentido de que fue un buen infierno, ya que nada malo faltó. Fue una repetición de errores sin posibilidad de enmendarlos, uno detrás de otro, día tras día, noche tras noche, error tras error, repetición tras repetición.

Y en algún momento, nunca supo decir cuándo, y de alguna manera, tampoco supo decir cuál, el infierno comenzó a helarse y un páramo plomizo y húmedo se fue abriendo bajo sus pies, extendiéndose como el aceite apaciguador sobre las aguas revueltas.

El olvido, y más allá, el olvido del olvido. El limbo envolvente y tranquilizador. Gris sobre gris.

Y en el limbo estaba, tumbado, pensando y recordando, volviendo a vivir aquello que ya solo en su interior existía. Viviendo y reviviendo, cómodamente instalado en aquel rincón de la memoria en el que el mundo exterior no contaba, donde podía perderse todas las veces que quisiese, donde nadie aparecería para romper la quietud, donde la música seguía sonando y él seguía bailando abrazado a un fantasma incorpóreo y desdibujado, estrechándolo fuertemente, intentando sentir su carne bajo la propia, sin darse cuenta de que vagaba en la más absoluta soledad, perdido en su delirio personal.

Y pasó el tiempo que tenía que pasar hasta que por fin el reloj de dentro se detuvo y el de fuera tomó el relevo.

A las nueve de la noche el reloj de la entrada dio las campanadas tras un leve crujido proveniente de su mecanismo. Sin saber cómo se encontró al lado del teléfono, mirándolo hipnotizado y perdido, con los ojos desenfocados y la boca semiabiertamente entrecerrada, y sintiendo una creciente crispación que recorría hormigueante su brazo izquierdo. Alargó lentamente la mano con un gesto mecánico hacia el aparato y sus dedos rozaron levemente su superficie pegajosa antes de cerrarse como una tenaza sobre el auricular. No tenía deseos de llamar a nadie, porque sus deseos se habían extinguido hacía tiempo, pero aun así lo descolgó y lo pegó con fuerza a su oreja mientras el ruido monótono y chirriante se colaba en su cerebro a través de su cráneo y su oído. Así permaneció, oyendo sin escuchar cómo pasaba aquel tiempo prestado y ajeno. E incluso aquel tiempo pasó hasta que el reloj se quedó sin cuerda y se paró, y sus campanadas dejaron definitivamente de poblar las oscuras habitaciones con su repiqueteo monótono, monocorde y monocromo, marcando una hora tras otra, desgranando sin desmayo los instantes perdidos y pasados. En algún momento el teléfono consiguió descolgarse de la pared y, abandonando su privilegiado lugar en las alturas, cayó al suelo después de rebotar con un golpe seco y desmañado contra la banqueta. Allí quedó blandamente desparramado, unido todavía al mundo por su cable sin fin, tan inútil como si estuviese enchufado a sí mismo.

La casa acabó por venirse abajo, como el símbolo de una amarga victoria contada y cantada desde antes de que la construyeran, sin apenas hacer ruido, y de entre los escombros aún escaparon algunas ratas pálidas, esqueléticas y polvorientas que corrieron a guarecerse en los sumideros más oscuros y profundos. A él no le importó, porque hacía tiempo que nada podía importarle. Lo único que realmente deseaba era ser enterrado entre sus miserables recuerdos para poder descansar, al fin, en paz.

LOS ÚLTIMOS ESPASMOS DE LA LOCURA NUCLEAR

ELOGIO NUCLEAR

  Inscripción hallada en la lápida mortuoria de Elena Paulova Floridamelena, descubridora del elemento radiactivo Elenio y Premio de Física Nuclear en el año 1953 de la Academia de Ciencias de Cucumbergburgo.

Ayer preguntaste por la radiación
preocupada por el Uranio del jardín
te repetí que todo tenía un fin
y que encontrarlo era la cuestión

Las plantas se hallan en franca progresión
las ratas tienen el tamaño de un mastín
las moscas pululan sobre el balancín
y tu piel parece en descomposición

Preguntas por razones que no tengo
cuestionas ahora mi forma de actuar
y quieres conocer lo que pretendo

Y es que la radiación impide pensar
y el futuro ya no parece un sueño
cuando la muerte empieza a querer acechar.

LOS ÚLTIMOS ESPASMOS DE LA LOCURA NUCLEAR

UNA NUEVA REVOLUCIÓN DE LOS ÁTOMOS

Cogitación espontánea escuchada al vigilante del turno de tarde del Museo de Minerales Radiactivos de la Loma de la Pez, mientras acariciaba con insistencia y con la mirada perdida un fragmento de Plutonio.

Cielos de plomo derretido
Chorreando desde el espacio
En gruesas gotas de gris amorfo
Abriendo agujeros sobre mis párpados
Humeando entre sueños de papel
Una mezcla girando en un vórtice
De aire y fuego
De crujir y crepitar
Dentro y fuera de la carcasa vacía e inútil
De un esqueleto pelado y mondo
Percha de buitres y de polvo
Si me llaman di que no estoy
Hace tiempo que salí de aquí
Envuelto en llamas de frío azul pálido
Volando en círculos
Como una hoja seca que cae
Al final de un verano
Que nunca acaba de morir
Que se resiste a consumirse
En la hoguera de la vacuidad
Alimentada por las ganas de perpetuarse
De estar al mismo tiempo aquí y allá.

APOCALIPSIS EN MI SOSTENIDO

Bajamos el sendero cogidos del brazo, con los tallos de las plantas que lo demarcaban golpeándonos rítmicamente las piernas. Nuestras sombras nos seguían, largos pajes negros adaptándose a los recovecos del camino, deslizándose sin ruido, pegados a nuestros pies, vibrando y moviéndose en un baile sin música y sin espectadores. Entre los árboles, las cigarras desgranaban sus últimos cantos, antes de callar para siempre. Su melodía cadenciosa se atenuaba a nuestro paso y resurgía con más ganas a nuestras espaldas, apurando las últimas gotas del licor agridulce del verano. Las golondrinas hacían piruetas, envueltas en un enloquecido ritmo, zigzagueando sobre nuestras cabezas y dándose un festín con la miríada de mosquitos salidos de las charcas cercanas.

Llegamos al fondo del valle. Allí un hilillo de agua holgazaneaba entre las piedras esperando tiempos mejores. Pasamos sin dificultad al otro lado y comenzamos a ascender la colina. A medida que llegábamos a la cima parecía que el mundo iba a terminar ante nuestros ojos. Solo veíamos la fina línea verde de la hierba fundiéndose con el azul cada vez más difuminado del cielo. Arriba nos recibió una suave brisa que meció sus cabellos blandamente hacia atrás. La miré de reojo. La luz brillaba en su cara como en un espejo dorado, arrancando reflejos de miel de mil y una flores. Respiré hondo y dirigí mi mirada al frente. El sol comenzaba a hundirse en el mar, tan cerca y tan lejos. Un camino de oro temblaba en las olas, llegando hasta la playa a nuestros pies, cambiando continuamente, como si el agua tuviera vida propia y respirase tranquila y pausadamente antes de dormir en la oscuridad. Arriba, el cielo ardía en llamas de fuego pálido, filtradas a través de las capas de nubes algodonosas. Ella dio un leve tirón de mi mano y sin decir nada nos sentamos en el suelo. Todo cambiaba a nuestro alrededor a medida que desaparecía la luz, y sin embargo, solo había quietud. El paso del tiempo había perdido su significado y a la vez estaba plenamente presente en todo. El sol, una inmensa bola de amarillo líquido, acabó por fundirse con el mar, como siempre y como nunca, en un instante único e inigualable.

La noche llegó y una a una surgieron las estrellas en la lejanía, titilando y tiritando con el frío que empezaba a envolvernos. Nos levantamos en silencio y casi sin querer volvimos por el sendero que ya no parecía el mismo. Por el Este comenzaba a dibujarse una enorme y voluptuosa bola de fuego, de un brillante rojo anaranjado, seguida por un exuberante hongo nuclear. Nuestras sombras, momentáneamente apagadas, la saludaron con inconsciente alegría y continuaron con su eterno y silencioso baile, quedando como mudos testigos de nuestro efímero paso por la realidad.

EPISTEMOLOGÍA APENAS NUCLEAR

Cogito ergo cogito

La naturaleza es perfecta. Todo lo que ha sido creado de forma natural es perfecto, ya que podría haber sido hecho de otra manera, pero quedó, momentáneamente, hecho así. Y es en esa infinitud momentánea donde reside su perfección. En el asumir que en un instante se disfruta de la plenitud, precisamente porque en ese momento se está en el presente, y que el siguiente instante será igualmente perfecto y así hasta la saciedad inacabable e infinita de la eternidad.

Porque, ¿dónde reside la perfección?, ¿a qué suerte de criterios hemos de remitirnos con el fin de decidir si algo es perfecto?

Existe la perfección verbal. Esta frase es perfecta, a pesar de que esté suddenly written in English, ya que no hay otra manera de expresarla sin cambiarle el sentido aunque sea mínimamente. Colegimos entonces que algo es perfecto cuando no hay otra manera de extraerlo del mundo de las ideas y actualizarlo al de las palabras y, más allá, al de la comunicación. La frase "no existe la perfección verbal" es asimismo perfecta aunque es contraria a la expresada anteriormente. ¿Pueden ser dos expresiones contrarias, verdaderas? Es más, ¿pueden ser ambas perfectas? Analicemos esta cuestión con detenimiento y discernimiento. La vida puede entenderse como lo contrario de la muerte atendiendo a la cuestión básica del ser o no ser. Ambas son perfectas, al menos para nosotros como seres vivos encaminados a una muerte segura. Gozamos de la perfección de una vida ininteligible sin la comprensión de su opuesto, sobre el que pasamos haciendo cábalas durante nuestra existencia. La perfección de una está basada en la complementariedad con la otra. Esto nos puede llevar a la duda de si algo que no tiene opuesto es perfecto o, si existen cosas que no tengan su opuesto. De todos modos esto es fácilmente apreciable si tenemos en cuenta la definición de perfección, la cual ha sido creada por nosotros, luego da igual lo que concluyamos, ya que de seres perfectos solo la perfección puede derivarse. Pero, ¿y el concepto? ¿Qué ocurre con aquello que subyace a las palabras? ¿De dónde emerge ese concepto? Difícil es determinar el momento en el que el hombre primitivo se dio cuenta de la existencia de la perfección. Probablemente ello ocurrió en el instante en el que consiguió transformar un objeto natural en un instrumento artificial que utilizar en su propio beneficio. El ser humano descubrió que podía crear, descubrió que podía haber sido creado. La noción de imperfección surgió poco después, cuando descubrió que aquello que lo había creado podía haber sido creado también, extendiendo la cadena hasta el infinito, alejándolo a él mismo de la perfección, únicamente por la suscitación de una duda que debió atravesar su cerebro con la claridad, el estruendo y la velocidad de un rayo en la oscuridad de la noche.

NOCIONES DE SUPERVIVENCIA NUCLEAR

Cortesía de Sopas de Sobre Halagüeñas, S.L.U.

La lectura ecuánime de los abundantes manuales y publicaciones surgidos durante la Guerra Fría para ayudar a la población a sobrevivir en caso de un ataque nuclear arroja dos breves y descarnadas conclusiones; la primera es que la muerte se cernía implacable sobre los confiados contribuyentes y la segunda es que esa muerte no dependía de sus esfuerzos por sobrevivir ya que los efectos de las armas nucleares, en caso de un conflicto generalizado, eran capaces de alcanzar cualquier rincón del planeta. Hechas estas aclaraciones, la cuestión sobre la supervivencia tras el apocalipsis nuclear gira en torno a la certeza de una muerte inmediata, cuyo único testigo será la sombra proyectada sobre el lugar de la cremación, o la incertidumbre de una muerte lenta y dolorosa como consecuencia de las quemaduras o traumatismos o de la radiación absorbida. El ser humano tiende a elegir la segunda de las opciones, ya que siempre es más llevadero el susto que la muerte, aunque el susto sea también mortal.

Con este ánimo de sobrevivir para retrasar lo inevitable en medio de una larga e improductiva espera existen varias recomendaciones que, si bien no eximen de la permanencia en el estéril purgatorio, sí sirven para hacer la estancia algo más digna y llevadera. A continuación se detallan los consejos más útiles:

1. Si dispone de un espacioso jardín empiece a cavar un refugio nuclear (mejor hoy que mañana). Recuerde que es recomendable que emplee en las paredes del refugio hormigón y acero, a fin de que la radiactividad no le afecte inicialmente.

2. Si solo dispone de un pequeño jardín, cave igualmente un agujero para construir un refugio individual. Tendrá que echar a suertes con su familia quién es el agraciado que sobrevive mientras los demás esperan en la superficie a que la bola de fuego los evapore. Si no se lleva bien con su familia ponga una cerradura en el refugio y guarde la llave para usted.

3. Si no dispone de jardín hágase fuerte en el garaje. Disponga fuertes paredes en su plaza y construya allí un cómodo y coqueto refugio para usted y para los suyos.

4. Si las anteriores opciones no son viables hágase con los planos del sistema de alcantarillado de su ciudad. Si las ratas son de los pocos seres que sobrevivirán a un eventual conflicto nuclear, usted no puede ser menos.

5. En caso de que considere que las alcantarillas no casan con su cuidado y distinguido estilo de vida actual, adquiera una crema solar con un factor de protección 10.000. Así al menos se asegurará de no morir a causa de las quemaduras.

6. La radiactividad producto de la explosión nuclear puede no ser un problema para usted. Los seres vivos menos evolucionados, tales como las plantas, tienden a ser más resistentes ante la radiación emitida por la fisión nuclear. Lleve un estilo de vida vegetativo, vea más la televisión, principalmente tertulias políticas, fútbol y programas del corazón, y no aparte la mirada de la pantalla de su móvil a fin de no perderse los mensajes, videos y chistes que le envían sus allegados. Puede que perder el tiempo y vaciar su mente le vuelvan inmune a los efectos de la radiactividad.

7. Son numerosos los superhéroes que han adquirido sus extraordinarios poderes gracias al concurso de la radiación. Puede que usted sea uno de los raros elegidos a los que la radiactividad, en vez de causarles un cáncer de fatales consecuencias, inviste de una espectacular fuerza que conseguirá convertirlo en el próximo protector de los desvalidos de la ciudad. Confíe en ello (mucho).

8. El mundo tras el apocalipsis nuclear puede no ser un lugar tan malo para vivir y prosperar. La extinción de la mayor parte de la población dejará grandes terrenos y numerosas propiedades inmobiliarias vacías y sin dueño. Hágase agente inmobiliario y lábrese un esplendoroso futuro en el nuevo mundo; aproveche las oportunidades que se le ofrecen, ¡caramba!

9. Ratas y cucarachas son algunos de los seres resistentes a la radiación que sobrevivirán sin problemas al conflicto nuclear. Adelántese al apocalíptico evento y empiece a instalar su propia granja de roedores con los que en el futuro podrá surtir a interesantes precios a los laboratorios farmacéuticos y a las facultades de psicología de modo que puedan seguir llevando a cabo sus trascendentales experimentos. Las cucarachas pueden servirle como suplemento alimenticio para que sus ratas estén convenientemente nutridas.

10. Es muy probable que tras el conflicto nuclear la atmósfera

quede llena de cenizas y hollín que impidan el paso de la radiación solar. Esto desatará un invierno de proporciones globales. Si no ha muerto achicharrado tras las explosiones de las armas nucleares deberá prepararse para el contraste de temperaturas por lo que resultará conveniente que se haga con una pelliza de piel de borrego o, al menos, con una rebeca de punto.

11. Tras el desastre nuclear la Tierra puede resultar inhabitable durante un lapso prolongado de tiempo. Si es usted uno de los desafortunados supervivientes deberá armarse de paciencia antes de llegar a recuperar la normalidad previa al conflicto. Esta paciencia deberá ser transmitida a sus hijos, y a los hijos de sus hijos, y a los hijos de los hijos de sus hijos y así hasta que un día sus sucesores sean capaces de abandonar este planeta en busca de pastos más verdes.

12. Como último consejo resulta recomendable acumular agua y alimentos. Las cantidades variarán en función del tiempo que usted decida prolongar su agonía.

Si se siguen fielmente estos consejos la supervivencia nuclear está casi al alcance de la mano. Solo queda confiar en que su hogar no se encuentre cerca de un importante objetivo y quede, consecuentemente, evaporado con el primer impacto de la carga de un misil enemigo. Si es usted creyente, una oración nunca está de más.

LOS ÚLTIMOS ESPASMOS DE LA LOCURA NUCLEAR

EPIFANÍA DE LA PSICOLOGÍA NUCLEAR

El problema no es que brille poco, sino que cuando se apaga está aún más oscuro que al principio.

Mi vecino corría envuelto en llamas por el jardín, pero yo no podía dejar de regar la azaleas.

Llegados a este punto resulta una absoluta necesidad el plantearse el desarrollo de una nueva disciplina que debería haber aparecido tiempo ha, ya que tal es el anhelo expresado *ex aequo* por la comunidad científica y por las masas hambrientas y desarrapadas de políticos desalojados de sus cargos públicos tras las últimas elecciones autonómicas. La psique, como elemento diferenciador y sustancialmente susceptible de suscitar tanto la inquietud como el progreso, se ha visto atenazada durante los largos y difíciles años de la Guerra Fría por una amenaza vital que proyectaba sobre sus más recónditas circunvoluciones el terror y la inseguridad, el espanto y la horripilación. La tensión generada por la constante amenaza de destrucción de la humanidad por la misma humanidad, por obra de las armas nucleares, ha conducido a la sucesión de profundos cambios cognitivos en el sustrato psíquico, cuyo resultado más visible es el de haber generado una percepción de la realidad que ha quedado sustancialmente nuclearizada.

Es este un claro exponente de una situación en la que la necesidad ha generado la función, sin que esto haya recibido la atención requerida que suele acompañar a los eventos dotados de tanta significatividad y de tan trascendental índole. El ser humano emergido durante la contienda no declarada que ocupó la mayor parte de la segunda mitad del siglo XX se ha visto sometido a una insoportable tensión que ha dejado una huella indeleble en la manera en la que se ve obligado a relacionarse consigo mismo, con los demás, con la sociedad en la que vive inmerso y con el medio circundante. Lo nuclear, como factor de influencia, modelado y definición surge y se aposenta junto a otros elementos, entre los que se abre hueco y expande sus poderosos tentáculos, alcanzando recovecos apenas explorados por la psicología más silvestre y costumbrista.

Estudiosos de reconocido prestigio y de reputada fama entre

la comunidad científica que puebla y engrosa (o engruesa) las cifras del paro han publicado ya algunos certeros rudimentos de esta nueva rama que bien pueden servir como sustancioso cimiento en el que basar los posteriores desarrollos. "Principios de reorganización mental tras el apocalipsis", de Ramiro Totonio Franciscus, surge en 1994 como un rayo luminoso en el seno de la noche cerrada para esparcir una claridad penumbrosa sobre el extraño y peculiar modo en el que los esquemas mentales se reconstituyen de manera harto vigorosa tras el sufrimiento padecido durante los oscuros años de desesperanza constituidos por la Guerra Fría. Es también ampliamente conocida la precursora obra de Palmira de Trinchas Negras "La psicología nuclear y mis circunstancias", publicada en 1995, en la que desgrana diversos fundamentos que, si bien no pueden considerarse como novedosos, sí que están dotados de una preclara intuición. No menos significativa resulta la ponencia de Amadeo Lizard-Tizón "Nuclearizando la psicología", en la que sugiere axiomas de difícil verificación, pero envueltos en un poético halo, que fue presentada en el XVII Congreso Nacional de Epistemología Ontológica celebrado en el Centro Cívico-vecinal de San Borondón en marzo de 1999. También es destacable la monografía de Desiderio Camel "Monografía", aparecida en 2001, en la que apuesta por un enfoque integral, inspirado por su abundante consumo de arroz con cascarilla. Relevante es también el opúsculo de Malmoe Orbitson "Pequeña inmensidad interior", publicado en 2002, en el que se trata y retrata la insoportable gravedad del parecer con sorprendentes giros y conclusiones. No podría dejar de aparecer en esta breve recopilación de títulos la publicación de 2004 de Cunegunda Cucamonga "Radiactividad, neuronas y pucheros pascuales", galardonada con el Premio a la Irrelevancia Literaria de 2005 de la Asociación de Mariscadores del Nuevo Mundo. Finalmente, y con el objetivo de no extenuar la vista del ávido lector y fatigar su mente, es necesario reseñar el inconmensurable artículo "Del cerebro nuclear y de sus dolencias", certero como un dardo lanzado al arco iris y aparecido en el número veraniego de 2007 de la revista "Marsupiales extintos de Nueva Zelanda". Todas estas obras, y otras muchas más que no caben en esta breve presentación, se han abierto camino con paso firme y sostenido por entre las rígidas estructuras impuestas desde la psicología clásica más cerril, desbrozando el otrora intransitable sendero por el que ha de cabalgar triunfante y de manera desbocada la nueva e indómita disciplina.

La psicología nuclear surge pues como camino necesario para responder a la compleja reestructuración mental experimentada por el nuevo ser humano, exangüe y exhausto, emergido de las abrumadores décadas de ominosa ansiedad creada a la sombra de la amenaza de la extinción total a manos de los aniquiladores vientres de los misiles balísticos intercontinentales. Su fundación, desarrollo e implementación están plenamente justificados y resulta incomprensible su inexistencia actual, máxime teniendo en cuenta el amplio lapso transcurrido desde el apogeo de la Guerra Fría hasta llegar a la actualidad. Cierto es que la ciencia avanza la mayoría de las veces imitando los saltos de una rana coja, tal es la condición de todas las creaciones regurgitadas por la humanidad a modo de toscas imitaciones de la naturaleza, pero ello no es excusa para ignorar una necesidad que se atisba perentoria y que debería ya formar parte del cuerpo de conocimientos con el que se adorna nuestra especie. Lo contrario sería una muestra de fatal imprevisión y de tergiversación de la virtud que en todo momento debe guiar la producción científica.

Sirvan estas breves líneas para lanzar un grito de ánimo y de aliento a los escasos pobladores del desierto existencial que nos rodea, con el fin de intentar encauzar sus hasta ahora estériles esfuerzos en una dirección concreta y con un propósito bien definido. La psicología nuclear necesita para su implantación en el seno del reticente claustro académico de un impulso coordinado y sostenido que consiga desmenuzar definitivamente las estructuras caducas y que logre facilitar su paso de una manera firme y decidida. Toda disciplina pionera debe sufrir los clásicos impedimentos y retenciones puestos en su camino por la inercia y el inmovilismo que caracterizan a aquellos que se han erigido en guardianes de la sabiduría y del conocimiento y que aspiran a mantener la situación estancada a pesar de que el mundo a su alrededor no para de mutar. Es nuestro deber como psicólogos nucleares *in pectore* agitar las pútridas aguas de su hábitat de modo que las turbulencias así generadas los arrastren de sus posiciones, dejando lugar para que el progreso arraigue allá donde es necesario y donde pueda producir sus deseables y apetecibles frutos.

LOS ÚLTIMOS ESPASMOS DE LA LOCURA NUCLEAR

CONCLUSIÓN INACABADA

Las preguntas sobran cuando no hay respuestas, las respuestas estorban cuando no hay preguntas.

Es un hábito muy humano el querer finalizar cualquier acción que se emprende de modo que se puedan ver los resultados y recoger los ansiados frutos producidos en el proceso. El no hacerlo causa a veces frustración, ansiedad y un sentimiento de falta de finalización que ronda la mente como un pesado zángano en una tarde de verano. Todo tiene su fin y el llegar hasta él parece ser uno de los principios que guían la vida. El haber desarrollado el ser humano un intelecto suficiente para hacer que se cuestione todo lo que sucede a su alrededor y que, sobre todo, le haga capaz de comprender las causas y de anticipar las consecuencias de las acciones, propias y ajenas, constituye una herramienta que le ha permitido elevarse desde el fango primigenio hasta alcanzar las más altas cotas de evolución posibles, forzando a veces los límites de la naturaleza. Y esto ha sido así porque ha perseguido con ahínco todo aquello que se ha propuesto, no cejando hasta alcanzar en la realidad aquello que en su mente ya se había perfilado con antelación.

Todo tiene un objetivo, un fin, una manera prevista en la que ha de desenvolverse una secuencia de hechos, y cuando éstos nos son hurtados, una incómoda sensación de que algo falta surge en la mente, implantándose como...

LOS ÚLTIMOS ESPASMOS DE LA LOCURA NUCLEAR

EPÍLOGO

El renacuajo agitaba espasmódicamente su cola en las fangosas y escasas aguas que aguantaban la irremisible evaporación del verano. Sus vigorosos movimientos levantaban unas ondas casi imperceptibles que morían en la inmediata orilla, turbando la cálida quietud de la tarde estival. Ya le habían aparecido las patas traseras y las delanteras comenzaban a adivinarse como incipientes muñones que pugnaban por abrirse paso hacia un incierto futuro. Su cabeza, a medio camino entre la forma de la larva y la del adulto, destacaba del resto de su anatomía por su volumen y contundencia visual. Se acercó a una hoja que yacía empapada sobre las turbias aguas y empezó a trepar por ella. 400 millones de años después, uno de sus descendientes descubrió la fisión nuclear. Los espasmos siguen ondulando la superficie del estanque, el agua se sigue evaporando y el renacuajo sigue intentando trepar por la hoja para asomar su amorfa cabeza al universo y gritarle que es capaz de descubrir de qué está hecha la realidad.

LOS ÚLTIMOS ESPASMOS DE LA LOCURA NUCLEAR

EPITAFIO

Elevándose finalmente por encima del fango, para escapar de él, comprobó que todo era fango y que no había sitio al que escapar.

LOS ÚLTIMOS ESPASMOS DE LA LOCURA NUCLEAR

ACERCA DEL AUTOR

Carlos Llorente Aguilera nació el 19 de marzo de 1971 en la cosmopolita ciudad de Santa Cruz de Tenerife. Tras asistir, con cierta regularidad, a la Universidad Campestre de Guajara y realizar con posterioridad diversos y trascendentales estudios en las arenas que cubren el cauce del Barranco de Tahodio, comenzó sus investigaciones en el ámbito de la locura nuclear, siendo hoy considerado como uno de los principales exponentes de lo que ha venido en denominarse "la escuela del naturalismo artificioso".

Es autor de numerosas obras cuya relevante intrascendencia hace ciertamente innecesaria su cita en esta reseña. Habla varios idiomas, pero ninguno de ellos de forma correcta. Entre los variados y abundantes galardones a los que se ha hecho acreedor destaca el trofeo al quinto puesto en el XVII Torneo de Damas Chinas del Instituto del Barrio de la Felicidad. En 1994 participó en la primera expedición de ascenso hermenéutico al pico de Chomarcial que, aunque no llegó a coronar su cima, sí logró divisarla, allá en la traslúcida lejanía.

LOS ÚLTIMOS ESPASMOS DE LA LOCURA NUCLEAR

www.ingramcontent.com/pod-product-compliance
Lightning Source LLC
Chambersburg PA
CBHW021901170526
45157CB00005B/1914